# Heimat und Welt

## 6

### Thüringen

### Arbeitsheft

**Autor**
Peter Köhler

westermann

# Inhaltsverzeichnis

## Dieses Heft wird bearbeitet von:

| | |
|---|---|
| Vorname | Name |
| Name der Schule | Klasse |

# Ökologische und industrielle Forstwirtschaft



**1.** a) Ergänze die Aufgaben des Waldes in der Abbildung.

| | | |
|---|---|---|
| 1 | | 2 |
| 8 |  | 3 |
| 7 | | 4 |
| 6 | | 5 |

b) Erkläre die Aufgaben des Waldes mit einem Satz.

1 ______

2 ______

3 ______

4 ______

5 ______

6 ______

7 ______

8 ______

**2.** Beantworte die Fragen zu den Formen der Forstwirtschaft.

| |  |  |
|---|---|---|
| Wie nennt man die Formen der Forstwirtschaft? | | |
| Wie werden die Bäume geerntet? | | |
| Welche Altersgruppen von Bäumen sind im Wald vorhanden? | | |
| Wie wird der Wald verjüngt? | | |

# Ökologische und konventionelle Landwirtschaft

4

**1.** Welche der aufgelisteten Merkmale 1 – 30 gehören zur ökologischen, welche zur konventionellen Landwirtschaft? Welche Merkmale treffen auf die Viehzucht, den Ackerbau oder beide zusammen zu? Ordne die Nummern der Kästen in die Tabelle darunter ein.

| | | | |
|---|---|---|---|
| **1** Freilandhaltung | **2** höhere Erträge | **3** Pflanzenschutzmittel | **4** weniger Beschäftigte |
| **5** hoher Ertrag pro Fläche und Beschäftigter | **6** offener Stoffkreislauf | **7** Bioprodukte | **8** hoher Anteil Direktvermarktung |
| **9** höherer Ernteertrag | **10** Mutterkuhhaltung | **11** geringerer Ernteertrag | **12** Kunstdünger |
| **13** Käfighaltung | **14** artgerechte Tierhaltung | **15** konventionelle Produkte | **16** Produkte billiger |
| **17** Produkte etwas teurer | **18** mehr Beschäftigte | **19** mehr Eier | **20** keine Pflanzenschutzmittel |
| **21** weniger Fleisch | **22** weniger Eier | **23** Massentierhaltung | **24** vermehrter Einsatz von Medikamenten |
| **25** geringerer Ertrag pro Fläche und Beschäftigtem | **26** hoher Anteil Discounter | **27** mehr Fleisch | **28** geschlossener Stoffkreislauf |
| **29** geringere Milchleistung | **30** natürlicher Dünger | | |

| Bereich | ökologische Landwirtschaft | konventionelle Landwirtschaft |
|---|---|---|
| I Viehzucht | | |
| II Ackerbau | | |
| III Viehzucht und Ackerbau | | |

**2.** Ergänze die Skizzen zum geschlossenen und zum offenen (kein geschlossener) Stoffkreislauf.

**geschlossener Stoffkreislauf**

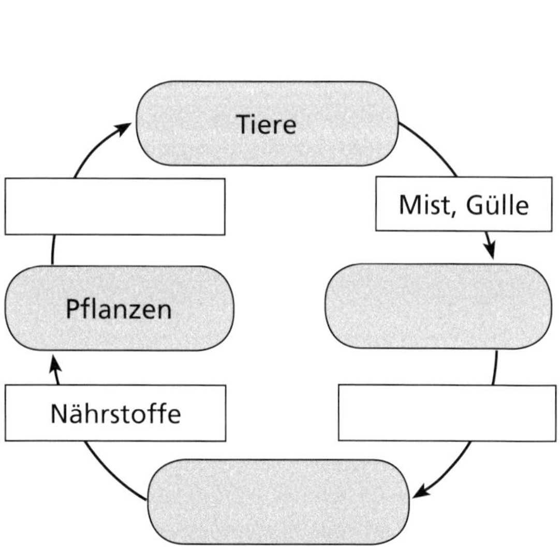


**offener Stoffkreislauf**

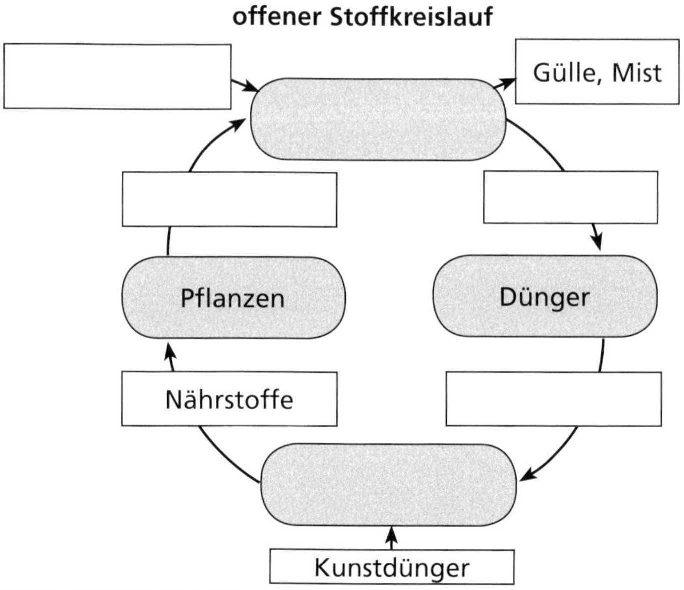

# Landwirtschaft in Thüringen

**1.** Ergänze das Säulendiagramm zur Flächennutzung in Thüringen.

| Nutzungsart | Landwirtschaft | Wald | Siedlungen und Verkehr | Sonstige | Wasser |
|---|---|---|---|---|---|
| Fläche in ha | 880 000 | 510 000 | 150 000 | 52 000 | 20 000 |

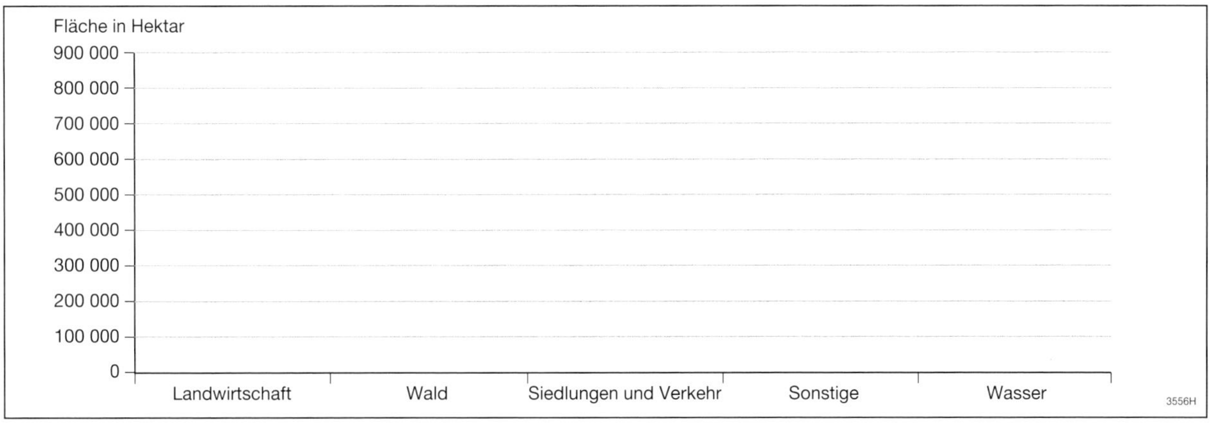


**2.** a) Kreuze die richtigen Aussagen zur Thüringer Landwirtschaft an.

- Die Thüringer Landwirtschaft erzeugt nachwachsende Rohstoffe. ☐
- Durch die Landwirtschaft werden die Wälder bewirtschaftet und geschützt. ☐
- Die Landwirtschaft erzeugt hauptsächlich Produkte für den Maschinenbau. ☐
- In der Thüringer Landwirtschaft wird immer mehr Bioenergie erzeugt. ☐



b) Ergänze weitere Aufgaben der Thüringer Landwirtschaft.

Die Thüringer Landwirtschaft

______________________________

______________________________

______________________________

______________________________

**3.** Löse das Kreuzworträtsel. (Beachte: Lösung 1 besteht aus zwei Wörtern, hier zusammengeschrieben.)

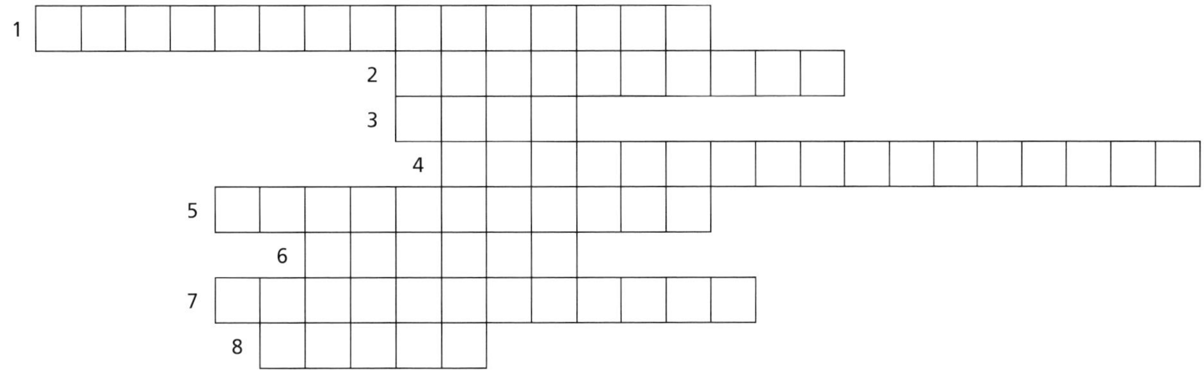


1 landwirtschaftlicher Gunstraum in Thüringen
2 Energie aus der Landwirtschaft
3 Material, welches zur Energieerzeugung aus Biomasse verwendet wird
4 Haltung von vielen Tieren auf engstem Raum
5 Teil der Landwirtschaft
6 wird aus einem gelb blühenden Anbauprodukt hergestellt und für Bioenergie verwendet
7 darin wird aus Biomasse Energie gewonnen
8 Abfallprodukt der Tierhaltung

# Landwirtschaft in Südeuropa

**1.** Vervollständige die nachfolgenden Texte zu den Abbildungen M1 und M2. Nutze die Begriffe: *angepasst, brach, Bewässerungsfeldbau, Innern Spaniens, Trockengebieten, Tröpfchenbewässerung, Wasser, regenreichen Gebieten, Trockenfeldbau, Bewässerungsarten, Nährstoffe, Wasser.*

M1

Die auf dem Bild abgebildete Landwirtschaftsform nennt man ____________________________ .

Sie wird in Südeuropa vor allem in ____________________________ betrieben.

Es gibt verschiedene ________________________, die ____________________________

und die Furchenbewässerung. Das ________________ wird zum Teil über weite Strecken aus

________________________________________ in die Trockengebiete transportiert.

M2

Die auf dem Bild abgebildete Landwirtschaftsform nennt man ____________________________.

Sie wird in Südeuropa vor allem im ________________________ betrieben. Diese Anbauform ist an

die klimatischen Verhältnisse ______________. Die Felder liegen ein Jahr __________. In dieser Zeit

können sich ____________________ und __________________ wieder erneuern.

**2.** Der Olivenbaum hat für die Landwirtschaft vieler südeuropäischer Länder eine große Bedeutung. Nenne Merkmale und Nutzungsarten des Olivenbaums. Benutze auch das Internet.

# Bedrohte Küste

**1.** a) Markiere in der Abbildung rechts richtige (grünes Viereck) und falsche (roter Kreis) Verhaltensweisen an der Küste.
b) Nenne Verhaltensregeln, die du am Strand beachten musst.

**Verhaltensregeln**

______________________________
______________________________
______________________________
______________________________
______________________________
______________________________
______________________________
______________________________
______________________________



**2.** Welche Nutzungen gefährden die Küste (vgl. Geographiebuch, Seite 38/M2)?

**Gefahren für die Küste**

**3.** a) Bringe die Satzteile zum Nationalpark Niedersächsisches Wattenmeer in die richtige Reihenfolge. Notiere die jeweilige Zahlenfolgen in der Lösung für die drei Sätze.

- 1 Im Nationalpark Niedersächsisches Wattenmeer hat der Schutz
- 6 Schutzzonen mit unterschiedlichem
- 9 Nutzungsgrad
- 3 Zum Erhalt des Nationalparks
- 2 Schönheit und Einzigartigkeit dieser Landschaft
- 8 einen besonders hohen Stellenwert.
- 11 Einheimische, Urlauber und Touristen sollen sich an der
- 5 Niedersächsisches Wattenmeer wurden
- 4 der Natur
- 10 erfreuen.
- 7 eingerichtet.

*Lösung:* 1. Satz: ____________ 2. Satz: ____________ 3. Satz: ____________

b) Nenne zwei weitere Nationalparks an der Nord- und einen an der Ostseeküste (Atlas).

Nationalparks: ______________________________

# Sanfter Tourismus – Massentourismus

**1.** Auf den Abbildungen ist Benidorm, ein Touristenort an der spanischen Mittelmeerküste, 1955 und heute abgebildet.

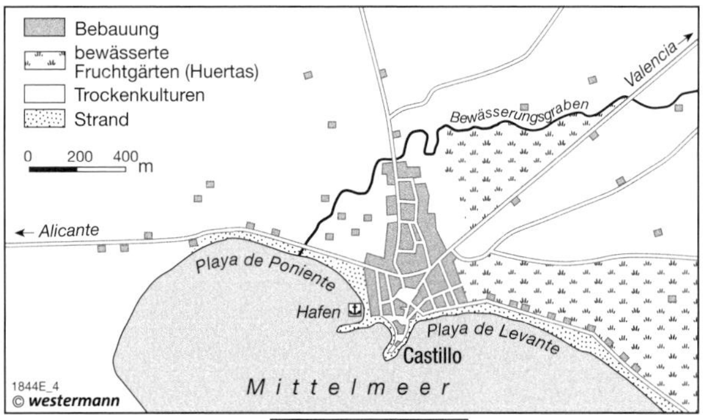


1955

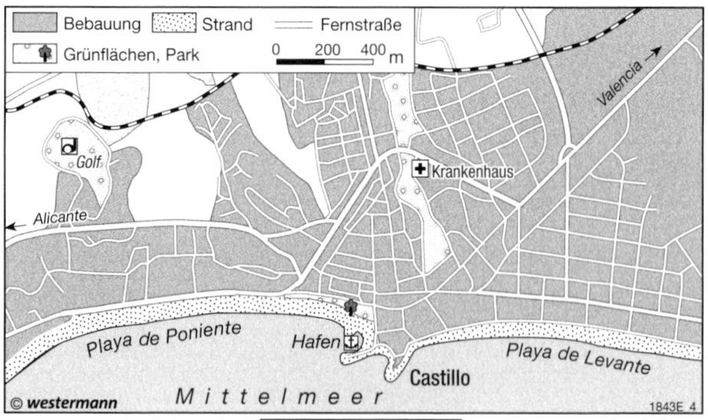


heute

a) Vergleiche die Entwicklung des Ortes von 1955 bis heute.

b) Nenne Gründe, waum sich der Ort so verändert hat.

**2.** Kennzeichne in der Tabelle Merkmale des Massentourismus mit „M" und Merkmale des Sanften Tourismus mit „S".

| | | | |
|---|---|---|---|
| Schaffung von Nationalparks | | große Hotels mit vielen Annehmlichkeiten | |
| billige Reisen | | Bewahrung der ursprünglichen Kultur | |
| Energie und Wasser sparen | | Ausflüge in kleinen Gruppen | |
| Speisen werden an die Gewohnheiten der Touristen angepasst | | Orte werden nach den Bedürfnissen der Touristen umgebaut | |
| Anpassung der Hotelarchitektur an die Landschaft | | Anlage von großen Golfplätzen | |
| Bau vieler Liftanlagen | | Tourismus nimmt Rücksicht auf die Landschaft | |
| Bau großer Poolanlagen | | Förderung öffentlicher Verkehrsmittel | |
| Nahrungsmittel aus der Region werden verwandt | | Bau eines weitverzweigten Straßennetzes | |

# Planung einer Reise

**1.** Du planst eine Urlaubsreise. Kreuze Merkmale deiner Reise an (Klärt vorher unbekannte Begriffe in der Klasse.). Erläutere kurz deine Wahl. In die leeren Kästen kannst du weitere eigene Ideen ergänzen.

a) Reiseteilnehmer

| Freund/Freundin | Eltern | Bruder/Schwester | Gruppe/Verein | |
|---|---|---|---|---|

Schülermeinung: ______________________________

b) Urlaubsort

| Berge | Meer | Stadt | Feriendorf | |
|---|---|---|---|---|

Schülermeinung: ______________________________

c) Informationssuche

| Reisebüro | Reiseprospekt | Tourismusbüro | Internet | Reisezeitschrift | |
|---|---|---|---|---|---|

Schülermeinung: ______________________________

d) Reiseart

| Individualreise | Pauschalreise | Rundreise | Kreuzfahrt | Aktivurlaub | |
|---|---|---|---|---|---|

Schülermeinung: ______________________________

e) Verkehrsmittel

| Auto | Flugzeug | Bahn | Fahrrad | Bus | |
|---|---|---|---|---|---|

Schülermeinung: ______________________________

f) Unterkunft

| Zelt | Wohnmobil | Hotel | Wohnanlage | Ferienhaus | |
|---|---|---|---|---|---|

Schülermeinung: ______________________________

g) Verpflegung

| Selbstversorgung | nur Frühstück | Halbpension | Vollpension | All Inclusive | |
|---|---|---|---|---|---|

Schülermeinung: ______________________________

**2.** Kosten einer Reise nach Barcelona errechnen.
Du fliegst mit deinen Eltern nach Barcelona. Der Flug kostet pro Person 145 Euro. Ihr übernachtet sechs Nächte im Hotel. Das Familienzimmer kostet pro Nacht 295 Euro, das Frühstück pro Person und Tag 19 Euro. Errechne die Reisekosten. Nenne weitere Kosten, die entstehen könnten.

Reisekosten: ______________________________

Weitere Kosten: ______________________________

# Woher kommt unser Strom?

**1.** a) Notiere die Bezeichnungen für die Energieträger.
b) Kennzeichne die nicht regenerativen Energieträger mit N und die regenerativen mit E.

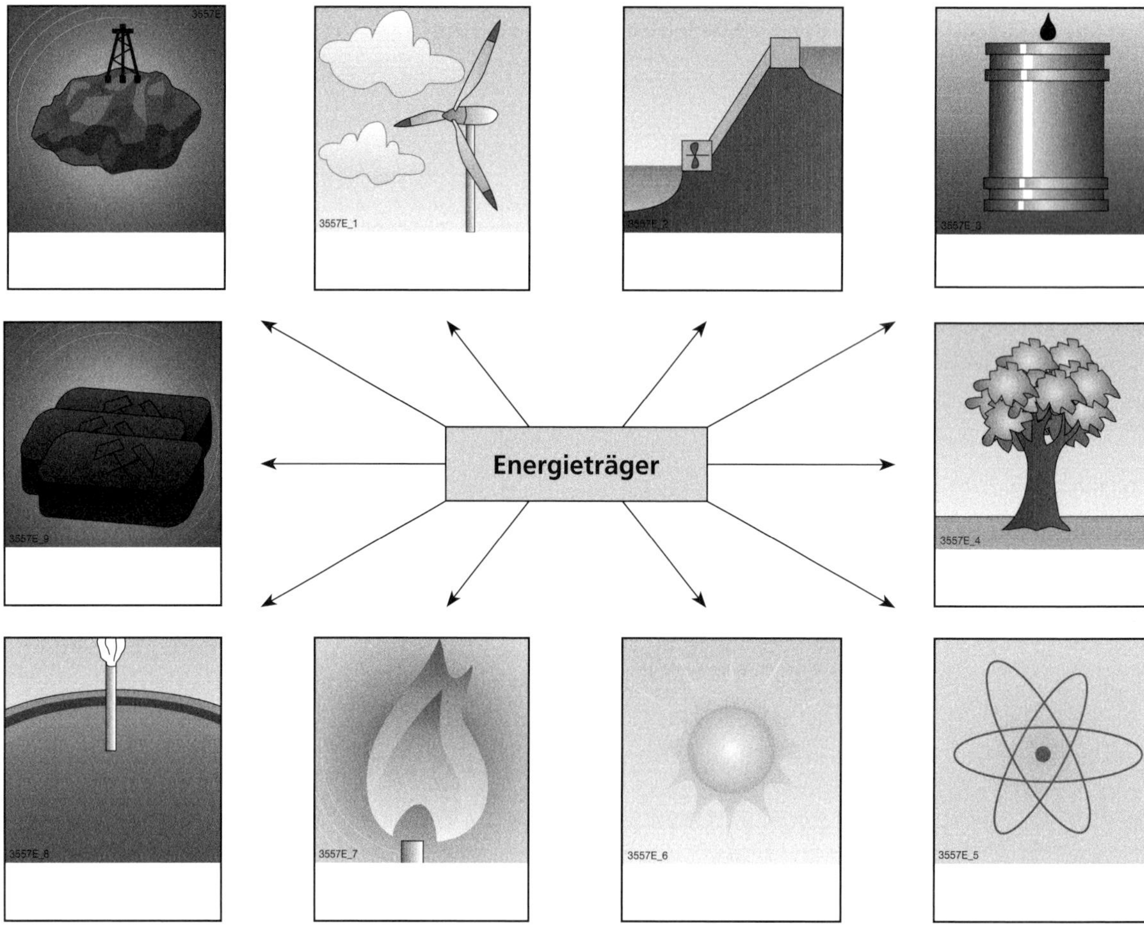


**2.** Erstelle ein Liniendiagramm zur Entwicklung der Anteile der Energieträger von 1990 bis 2010: Braunkohle (braun), Steinkohle (schwarz), Erdöl (rot) und regenerative Energieträger (grün). Vervollständige die Legende.

Von 100 kWh verbrauchten Stroms wurden ... kWh aus folgenden Energieträgern gewonnen:

| | 1990 | 2000 | 2010 |
|---|---|---|---|
| Braunkohle | 21 | 11 | 11 |
| Steinkohle | 16 | 14 | 12 |
| Erdöl | 35 | 38 | 33 |
| regenerative Energieträger | 1 | 3 | 9 |

**Legende:**

- ☐ Braunkohle
- ☐ Steinkohle
- ☐ Erdöl
- ☐ regenerative Energieträger

# Entstehung von Kohle

**1.** Beschreibe mithilfe der Abbildungen und des Textes in deinem Geographiebuch (S. 60) die Entstehung der Kohle.
Ergänze dazu den Lückentext mit folgenden Begriffen und Wörtern:
*Torfschichten, Braunkohle, feuchtwarm, Flöze, versanken sie, Deckschichten, Sand, Sumpfmoorwälder, Druck, Kies, Luftabschluss.*

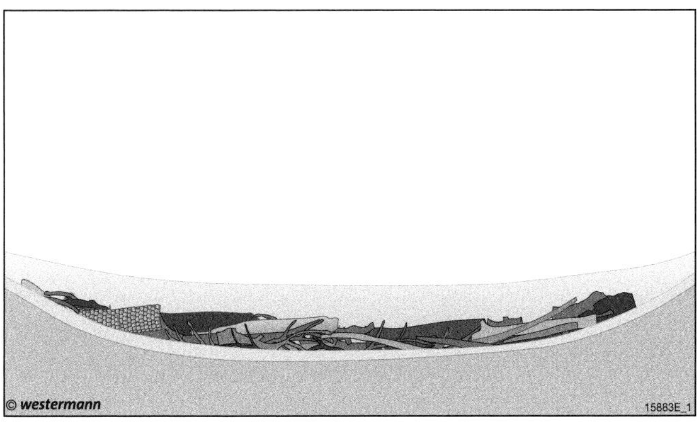

Vor mehreren Millionen Jahren breiteten sich dort, wo heute Kohle lagert, riesige ______________________ aus. Das Klima war ______________. Starben die Pflanzen ab, ______________ ______________ im Sumpf. Auf diese Weise gerieten sie unter ______________ und konnten nicht verrotten. Es bildeten sich mächtige ______________. Im Verlauf vieler Jahrmillionen senkte sich das Land. Die Torfschichten gerieten in immer größere Tiefe. Sie wurden von ______________ und ______________ überdeckt. Die Torfschichten gerieten durch die darüber liegenden ______________ unter ______________. Innerhalb von vielen Millionen Jahren bildete sich in mächtigen Schichten aus dem Torf ______________. Diese Kohleschichten werden als ______________ bezeichnet.



**2.** Die Buchstaben der folgenden sechs Wörter sind durcheinandergeraten. Bringe sie in die richtige Reihenfolge (Beachte: Der erste Buchstabe ist der Anfangsbuchstabe des jeweiligen Wortes).

| | | | | | |
|---|---|---|---|---|---|
| Samuwdlpf | ______________ | Boruhkalne | ______________ | Teabgua | ______________ |
| Sehenkitol | ______________ | Tfro | ______________ | Kleoöflzh | ______________ |

# Braunkohleabbau und Rekultivierung

**1.** Beschrifte die Abbildung eines Braunkohletagebaus. Benutze folgende Begriffe:
*Förderband, Kohleflöz, Förderbrücke, Abraumbagger, Deckschicht, Kohlebagger, Abraum.*

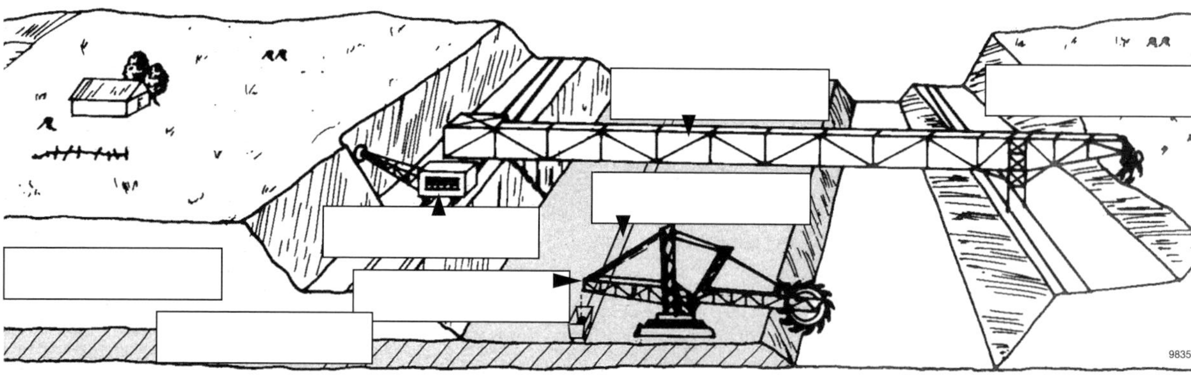


**2.** Erkläre mithilfe der Abbildungen die Entstehung von Restlöchern beim Braunkohleabbau.
a) Gib den Abbildungen jeweils eine Überschrift.
b) Trage die Bewegungsrichtung des Tagebaus mit Pfeilen ein.
c) Beschreibe den dargestellten Ablauf des Braunkohleabbaus.



| | | |
|---|---|---|
| 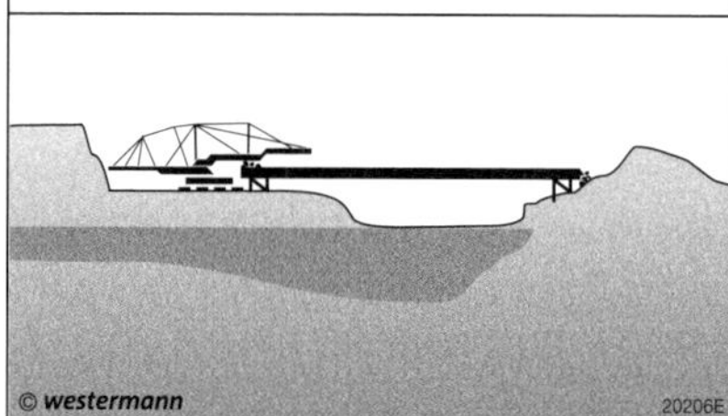  |   | 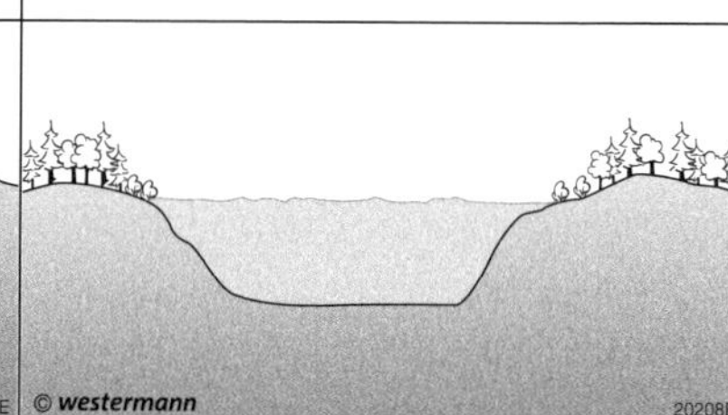  |
| | | |

**3.** Erkläre das Zitat. Verwende dazu folgende Worthilfen: *Braunkohletagebau, Landschaft zerstört, Tagebauestlöcher, Rekultivierung, Leipziger Neuseenland, Erholung, Freizeitpark „Belantis".*

**Zitat:** „Einige Kilometer südlich von Leipzig spielte der Mensch Schöpfung und versuchte, die Sünden des Braunkohletagebaus wiedergutzumachen. In der ehemals zerstörten Landschaft entstanden 18 Seen: das Leipziger Neuseenland."

# Regenerative (erneuerbare) Energieträger

**1.** Sonnenenergie und Windkraft haben Vor- und Nachteile. Kreuze die richtigen Antworten an.

| **Energieträger** | **Vorteile** | | **Nachteile** | |
|---|---|---|---|---|
| Sonnenenergie | ist Tag und Nacht verfügbar. | | ist nur am Tag verfügbar. | |
| | ist regenerativ. | | verbraucht Bodenschätze. | |
| | Die Anlagen (Photovoltaik) können auf fast jedem Dach montiert werden. | | Die Anlagen können nur auf speziellen Flächen montiert werden. | |
| | kann auf kleinen Flächen erbaut werden. | | benötigt immer große Aufbauflächen. | |
| Windkraft | hat keinen Eingriff in das Landschaftsbild zur Folge. | | In Tourismusregionen wird manchmal das Landschaftsbild gestört. | |
| | gleichmäßige Energieerzeugung möglich | | keine gleichmäßige Energieerzeugung | |
| | ist regenerativ. | | verbraucht Bodenschätze. | |
| | Zusätzliche Stromleitungen sind nicht notwendig. | | Viele Stromleitungen müssen gebaut werden. | |

**2.** Ergänze den Lückentext. Verwende die Begriffe: *Solaranlagen, besten, viel Strom, Windkraftanlagen, Nord- und Ostsee, Windkraft, Photovoltaikanlagen.*

Die ________________ nutzt man schon seit Jahrhunderten (z. B. durch Mühlen). Heute findet man in vielen Regionen Deutschlands ____________________________. In der ____________________, an den Küsten, in den Mittelgebirgen und in den Alpen sind die Bedingungen zur Energiegewinnung aus Windkraft am ________________. In diesen Regionen herrschen höhere Windgeschwindigkeiten als in anderen Gebieten Deutschlands. Daher können die Windkraftanlagen dort ____________________ erzeugen. In Gebieten mit hoher Sonneneinstrahlung können erfolgreich ________________________________ betrieben werden. Solche Anlagen bezeichnet man auch als ______________________________.

**3.** Im Wortsuchrätsel sind acht Begriffe zu regenerativen Energien versteckt. Finde sie. Die Begriffe können vorwärts, rückwärts, senkrecht und waagerecht versteckt sein.

Zusatz: Ein Begriff ist nur diagonal (schräg) lesbar. Kannst du ihn entdecken?

| | | | | | | | | | | | | | | | | | | | | | | | |
|---|---|---|---|---|---|---|---|---|---|---|---|---|---|---|---|---|---|---|---|---|---|---|---|
| Ö | X | B | V | D | D | E | K | C | L | N | L | Ä | G | Ö | P | K | G | G | X | P | P | Y | M |
| W | R | H | H | V | D | Q | U | K | S | O | N | N | E | N | E | N | E | R | G | I | E | A | N |
| L | U | E | W | W | P | D | T | Y | U | I | B | T | H | U | Q | X | S | S | Q | M | X | P | K |
| C | S | J | G | Ö | C | N | N | R | G | R | K | W | U | T | G | Ä | X | S | N | F | B | A | Q |
| A | O | V | I | E | B | H | D | D | M | F | B | T | L | X | T | I | D | H | Y | Q | I | M | G |
| Y | L | W | Ä | S | N | D | A | P | Q | R | H | M | L | D | V | G | U | D | Q | K | O | O | A |
| K | A | I | X | K | W | E | D | B | M | E | L | J | E | R | K | M | C | R | H | O | M | V | A |
| U | R | N | M | T | I | D | R | W | W | P | Ä | F | N | U | W | M | G | R | J | Ö | A | F | B |
| M | A | D | T | U | N | T | P | A | I | I | X | Z | K | Ö | M | R | P | Y | H | P | S | T | E |
| T | N | K | P | S | D | J | W | S | T | R | Y | O | B | N | L | L | G | S | J | V | S | N | O |
| R | L | R | H | Y | R | Z | W | S | A | I | G | E | A | H | Ä | C | C | E | N | Q | E | F | G |
| C | A | A | Z | S | A | T | J | E | R | Z | V | A | F | P | U | Z | D | W | Y | B | Q | P | K |
| Ö | G | F | E | Y | D | P | Z | R | K | M | Q | Ä | D | F | X | M | D | H | D | Q | Ä | T | R |
| Ö | E | T | J | N | P | K | S | K | F | S | Ö | T | B | U | X | Q | Y | C | A | Y | R | G | J |
| M | A | C | S | A | E | M | Ö | R | E | X | U | O | I | E | M | R | Ä | W | D | R | E | P | F |
| Ä | E | Y | P | B | G | G | S | A | P | D | M | O | U | T | S | O | S | U | K | X | I | R | H |
| U | N | M | A | J | Q | J | O | F | W | N | N | O | K | V | Ä | S | M | O | K | K | H | M | B |
| Z | I | K | Y | P | E | Z | Q | T | D | P | M | Y | L | E | G | V | Ä | J | Ä | F | Ö | W | V |



Geographiebuch, Seiten 58 – 59, 68 – 71

# Verschiedene Verkehrsmittel

**1.** a) Erkläre, was unter dem Begriff Verkehrsnetz zu verstehen ist.

Erklärung: ______________________________________________

______________________________________________

b) Skizziere ein Verkehrsnetz mit folgenden Verkehrswegen bzw. Verkehrseinrichtungen: Straßen, Schienenwege, Fluss, Flughafen, Hafen.

**Skizze:**



**2.** Wähle das beste Verkehrsmittel für folgende Transporte (Atlas; Geographiebuch, S. 79/M5 rechts).

| Transport | Verkehrsmittel |
|---|---|
| Sand und Kies von Basel nach Köln | |
| 1000 Tonnen Metallteile von China nach Hamburg | |
| Blumen von Venezuela nach Berlin | |
| Käse von Erfurt nach Gera | |

**3.** a) Nenne die drei schnellsten, pünktlichsten und günstigsten Verkehrsmittel sowie die drei mit denen am meisten transportiert werden kann (Geographiebuch, S. 79/M5 rechts).

schnellstes: 1. __________ 2. __________ 3. __________

pünktlichstes: 1. __________ 2. __________ 3. __________

günstigstes: 1. __________ 2. __________ 3. __________

kann am meisten transportieren: 1. __________ 2. __________ 3. __________

b) Wie viele PS werden jeweils benötigt, um mit einem Seeschiff, mit einem Eisenbahnwaggon oder mit einem Lkw 30 Tonnen einer Ware zu transportieren (Geographiebuch, S. 79/M5 links)?

Seeschiff: __________ Eisenbahnwaggon: __________ Lkw: __________

# Häfen – Drehscheiben des Verkehrs

**1.** M1 soll eine Karte deines „Traumhafens" werden. In deinem Hafen muss es für verschiedene Schiffstypen Anlegestellen geben. Auch für Passagierschiffe muss ein Kai angelegt werden. Zu einem Hafen gehören aber auch noch viele andere Einrichtungen.
Gestalte die Karte farbig und fertige dazu eine Legende an.

**Legende**
Eisenbahnanschluss – – –

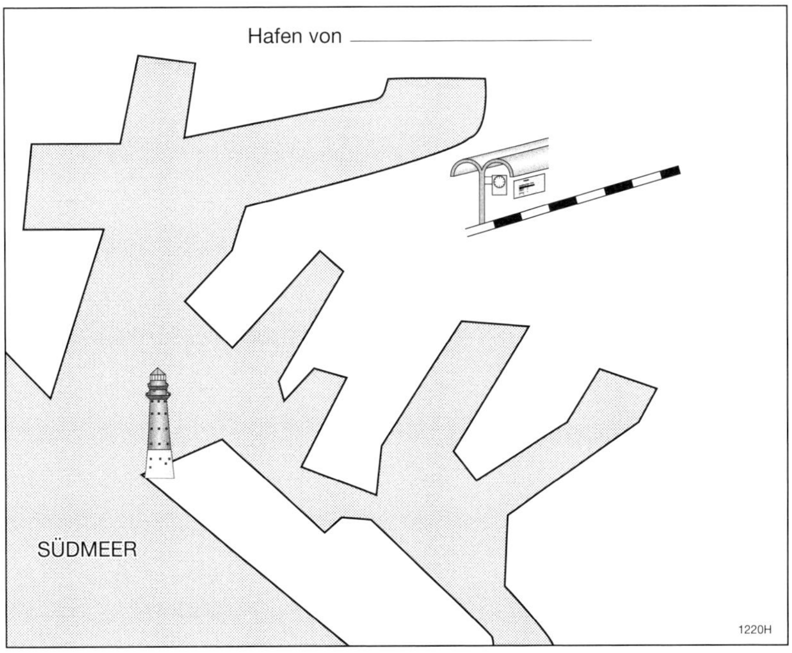


*M1 Mein „Traumhafen"*

**2.** Benenne die Güter (Oberbegriff), die verladen werden. Ordne jeder Gütergruppe zwei Beispiele zu.

**3.** „Christophe Colomb" ist das größte Containerschiff der Welt. Es kann 13 800 Container transportieren.

a) Für das Entladen eines Containers benötigt man im Durchschnitt fünf Minuten.
Berechne, wie lange das Entladen dieses Schiffes dauert.

b) Ein Container ist etwas mehr als sechs Meter lang.
Berechne, welche Länge alle diese Container aneinandergereiht haben würden.

# Verkehr in den Alpen

**1.** Zeichne den Verlauf der Straße (schwarz), den Pass (grün) und den Tunnel (rot).

**2.** Nenne jeweils die Pässe bzw. Tunnel, die bei einer Eisenbahn bzw. Autobahnfahrt durch die Alpen auf folgenden Strecken befahren werden müssen (Geographiebuch, S. 86/M1; Atlas).

| | | |
|---|---|---|
| Genf – Mailand | Eisenbahnfahrt: | ______________ |
| | Autobahnfahrt: | ______________ |
| München – Udine | Eisenbahnfahrt: | ______________ |
| | Autobahnfahrt: | ______________ |
| Zürich – Mailand | Eisenbahnfahrt: | ______________ |
| | Autobahnfahrt: | ______________ |



**3.** Nenne die Namen der Pässe und Tunnel 1 bis 7 in der Karte (Geographiebuch, S. 86/M1; Atlas).

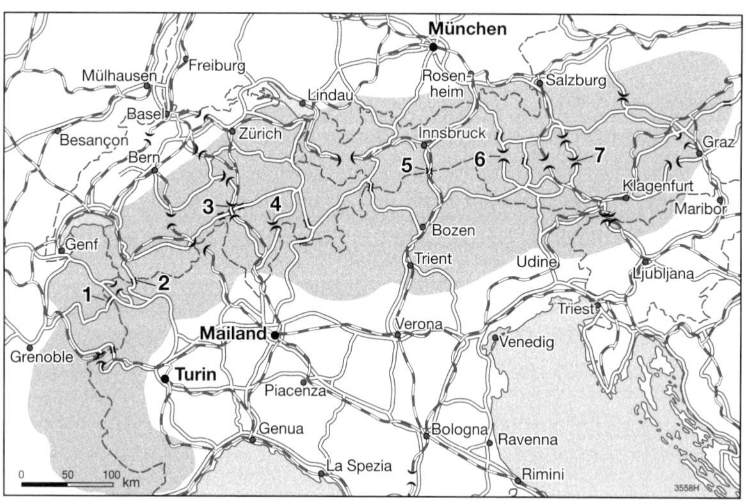


1 ______________
2 ______________
3 ______________
4 ______________
5 ______________
6 ______________
7 ______________

**4.** Erkläre stichpunktartig die beiden Begriffe.

Transit: ______________

______________

Pass: ______________

# Stadtentwicklung von Nordhausen

**1.** a) Zeichne ein Liniendiagramm zur Bevölkerungsentwicklung Nordhausens.
b) Beschreibe in deinem Heft die Bevölkerungsentwicklung Nordhausens.

| Jahr | 1802 | 1820 | 1840 | 1900 | 1925 | 1945 | 1980 | 2000 | 2011 | 2020* |
|---|---|---|---|---|---|---|---|---|---|---|
| Einwohner | 8300 | 9900 | 12000 | 28000 | 35000 | 32000 | 47000 | 46000 | 44 000 | 39 000 |

* Vorausberechnung

**2.** Die folgenden Sätze enthalten Fehler. Streiche die falschen Zahlen und Wörter. Korrigiere die Sätze.

Die Stadt Nordhausen wurde 899 erstmals urkundlich erwähnt. ______

962 wurde Nordhausen von Otto II. das Heirats-, Brotback- und Hausbaurecht verliehen. ______

In Nordhausen kreuzten sich zwei mittelalterliche Flüsse. ______

Ab dem 12. Jahrhundert wurde Nordhausen schnell immer größer und der Bergbau entwickelte sich.

______

Im 15. Jahrhundert kam die Stadt durch Baumwollanbau zu Wohlstand.

______

Im Verlaufe der Jahrhunderte wurde die Stadt von Erdbeben zerstört und später wieder aufgebaut.

______

Die größte Zerstörung im 20. Jahrhundert geschah im Dreißigjährigen Krieg. ______

Nach 1945 entstanden viele Gaststätten und eine Schlossanlage. ______

Nach 1930 wurde die historische Altstadt saniert und es entstand eine Stadtmauer. Einige der Plattenbauten wurden neu errichtet. ______

# Berlin – Hauptstadt Deutschlands

**1.** Beschreibe mithilfe des Atlas die Lage Berlins nach folgenden Schwerpunkten:

innerhalb Deutschlands: ______________________________

angrenzende Bundesländer: ______________________________

Großlandschaft: ______________________________

Flüsse: ______________________________

**2.** In den Text über die Bundeshauptstadt Berlin haben sich Fehler eingeschlichen. Unterstreiche sie im Text und berichtige sie anschließend in der Tabelle darunter.

**Die Landeshauptstadt Berlin**
Die Hauptstadt Berlin ist Regierungssitz, kulturelles und spielerisches Zentrum sowie ein wichtiger Verkehrsknotenpunkt.
In Berlin arbeiten der Bundeskanzler/die Bundeskanzlerin, die Abgeordneten des Deutschen Bundestages und viele Ministerien. Der Bundespräsident hat seinen Sitz im Bundeskanzleramt.
Millionen Touristen besuchen jedes Jahr Berlin. Sie besichtigen viele Sehenswürdigkeiten wie das Brandenburger Tor, die Semperoper oder den Berliner Dom.
Wichtige Verkehrswege treffen sich in Berlin.
Im Jahr 2006 wurde der neue Hauptbahnhof am Rande Berlins eröffnet.



| Fehler | Berichtigung |
|---|---|
| | |
| | |
| | |
| | |
| | |

**3.** Notiere den jeweiligen Namen der drei Sehenswürdigkeiten Berlins.

*Geographiebuch, Seiten 84 – 85, 106 – 109*

# Metropole Paris

**1.** a) Ergänze stichpunktartig in der Abbildung die Merkmale von Paris.

**Bevölkerungszentrum**

**Wirtschaftliches Zentrum**

**Politisches Zentrum**

**Paris –**
das ______________
Frankreichs

**Kulturzentrum**

**Verkehrszentrum**

**Bildungszentrum**



b) Ergänze die Textlücken.

Da Paris das w________________, politische und k____________ Zentrum des Landes ist und auch in der Welt eine große Bedeutung hat, bezeichnet man die Stadt auch als M__________.

**2.** Erstelle mithilfe von M3 (S. 112) im Geographiebuch eine Skizze von Paris und seinem Umland. Trage ein: Stadtgrenze, Eisenbahnlinien und Autobahnen. Kennzeichne die Sehenswürdigkeiten mit Zahlen. Lege zur Skizze eine Legende an.

Legende

# Metropole London

**1.** Nenne Merkmale einer Metropole. Streiche die falschen Aussagen durch. Kreise die richtigen Merkmale ein und verbinde sie mit dem grauen Feld in der Mitte.

hat Bedeutung über das Land hinaus

Sitz vieler großer Unternehmen

liegt meist in der Nähe der Hauptstadt

hat ein Kino, aber kein Theater

**Was ist eine Metropole?**

weniger als 50 000 Einwohner

wirtschaftliches Zentrum

große Bergbauregion

hat nur Bedeutung für die Orte im Umland

bedeutender Landwirtschaftsstandort

meist Regierungssitz

Dorf

politisches Zentrum

Kleinstadt

Großstadt

kulturelles Zentrum

**2.** Stelle die Bevölkerungszusammensetzung Londons in zwei Balkendiagrammen dar. Wähle für die Legenden entsprechend unterschiedliche Farben. Von 100 Einwohnern sind 21 keine Europäer.



☐ Europäer ☐ Nichteuropäer

Von den Nichteuropäern sind 6 Inder, 5 Afrikaner, 5 stammen aus der Karibik, 2 aus Pakistan, 2 aus Bangladesch und einer aus China.

☐ Europäer ☐ Afrikaner ☐ Karibik ☐ Pakistan ☐ Bangladesch ☐ China

**3.** Finde die richtigen Satzenden. Kreuze sie an.

| | | |
|---|---|---|
| | Welthandelszentrum. | |
| London ist | eine Wirtschaftsmetropole. | |
| | die größte Stadt der Welt. | |
| | der Tower. | |
| In London steht | der Eiffelturm. | |
| | das Brandenburger Tor. | |
| | ist Sitz der Regierung. | |
| Die „City of London" | ist ein Hochhausviertel. | |
| | ist ein europäisches Finanzzentrum. | |
| | den größten Hafen der Welt. | |
| In London gibt es | jährlich 20 Millionen Touristen. | |
| | das Künstlerviertel Montmartre. | |

# Leben im Dorf – früher und heute

**1.** Vergleiche beide Zeichnungen. Kennzeichne mit farbigen Kreisen fünf Veränderungen.

Das Dorf früher

Das Dorf heute

**2.** Kennzeichne Merkmale des Landlebens früher mit „f" und des Landlebens heute mit „h".

| | | | |
|---|---|---|---|
| Toiletten außerhalb des Wohnhauses | | Wasser wird am Brunnen geholt | |
| moderne Maschinen erleichtern die Arbeit | | kaum Freizeit | |
| wenig Menschen arbeiten in der Landwirtschaft | | Landwirte leben auch vom Tourismus | |
| Arbeit wird vielfach von Hand verrichtet | | Zusammenarbeit in Agrargenossenschaften | |
| viele Menschen im Dorf erzeugen Nahrungsmittel | | viele Menschen fahren zur Arbeit in die Stadt | |
| Städte können nur umständlich erreicht werden | | neben Bauernhöfen viele Eigenheimsiedlungen | |



*Geographiebuch, Seiten 116 und 118 – 119*

# Europa im Überblick

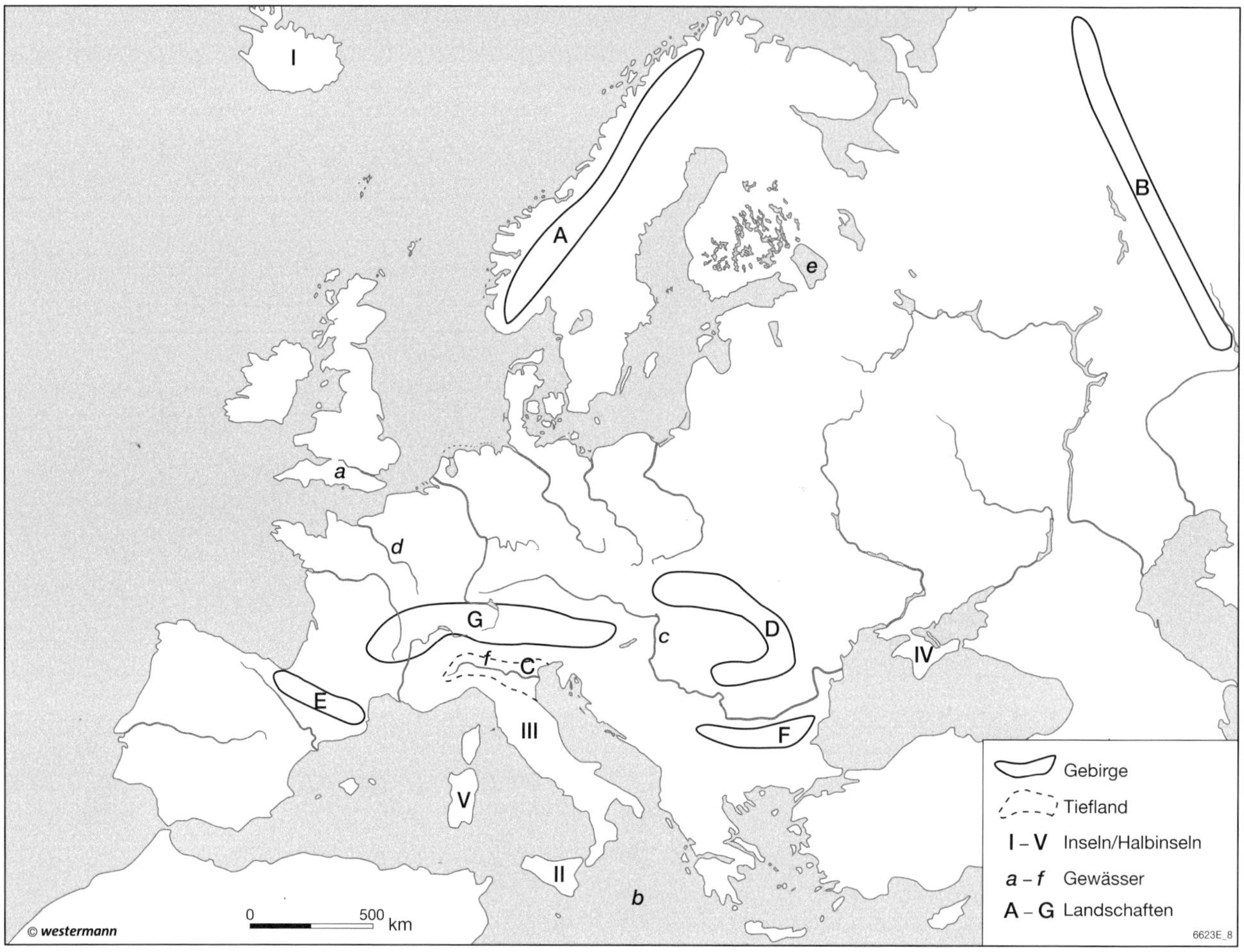


**1.** Zeichne die Grenze Europas rot in die Karte ein (Atlas).

**2.** Benenne die topographischen Objekte in der Karte (Atlas).

| **Inseln/Halbinseln** | **Landschaften** | **Gewässer** |
|---|---|---|
| I ______________ | A ______________ | a ______________ |
| II ______________ | B ______________ | b ______________ |
| III ______________ | C ______________ | c ______________ |
| IV ______________ | D ______________ | d ______________ |
| V ______________ | E ______________ | e ______________ |
| | F ______________ | f ______________ |
| | G ______________ | |

**3.** Male in der Karte die in Aufgabe 2 bezeichneten Gebirge braun und das Tiefland (grün) aus. Benutze dein Geographiebuch (Karte in der vorderen Innenseite) und den Atlas.

**4.** Die Schilder auf dem Foto zeigen nach „Asien" (links) und „Europa" (rechts).
Beschreibe das Foto und lokalisiere den Standort der Aufnahme auf einer Karte im Atlas.

# Mein zweites Geographiejahr – Das kann ich jetzt!

**1.** Ordne den Begriffen die richtigen Erklärungen zu (je zwei Satzteile).
Verbinde die Begriffe (links in der Tabelle) durch Pfeile mit den jeweils dazugehörenden Satzteilen.

| | | |
|---|---|---|
| Bewässerungs-feldbau | | Produkt, bei dessen Herstellung darauf geachtet wird, dass keine ... |
| | | Es ist die vollständige Entfernung aller Bäume eines Waldes oder Waldstückes mit dem Ziel, ... |
| Kahlschlag | | Gebiet mit besonders schönen oder seltenen Naturlandschaften, in denen Schutz-bestimmungen gelten, ... |
| | | Eine Form des landwirtschaftlichen Anbaus in niederschlagsarmen Gebieten, ... |
| Nationalpark | | ... chemischen Pflanzenschutzmittel verwendet und die Tiere artgerecht gehalten werden. |
| | | ... wo Wasser auf die Felder geleitet wird, um die Pflanzen zu bewässern. |
| Bioprodukt | | ... in kurzer Zeit und mit geringem Aufwand viel Holz zu gewinnen. |
| | | ... um die dort lebenden Tiere und Pflanzen in ihrem Lebensraum zu schützen. |

**2.** Löse das Rätsel.

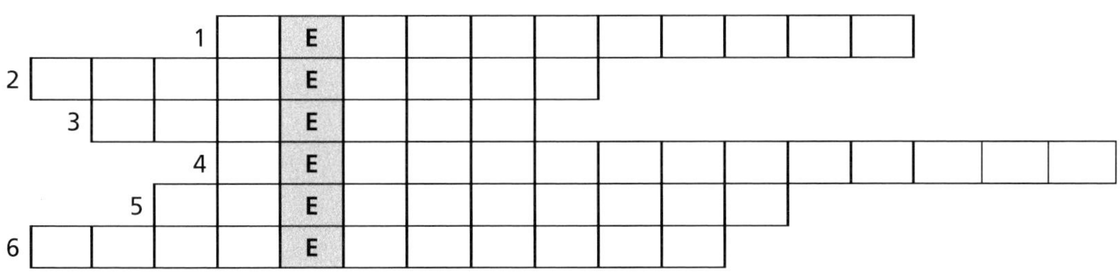


- 1 Energieträger, aus dem in Zukunft in Deutschland keine Energie mehr erzeugt wird.
- 2 Schicht, in der die Kohle lagert.
- 3 Auf diese Art wird Braunkohle gefördert.
- 4 Nach dem Ende der Braunkohleförderung muss auf diese Art und Weise die Landschaft wiederhergestellt werden.
- 5 Bezeichnung für eine Kohleart.
- 6 Bezeichnung für einen regenerativen Energieträger.

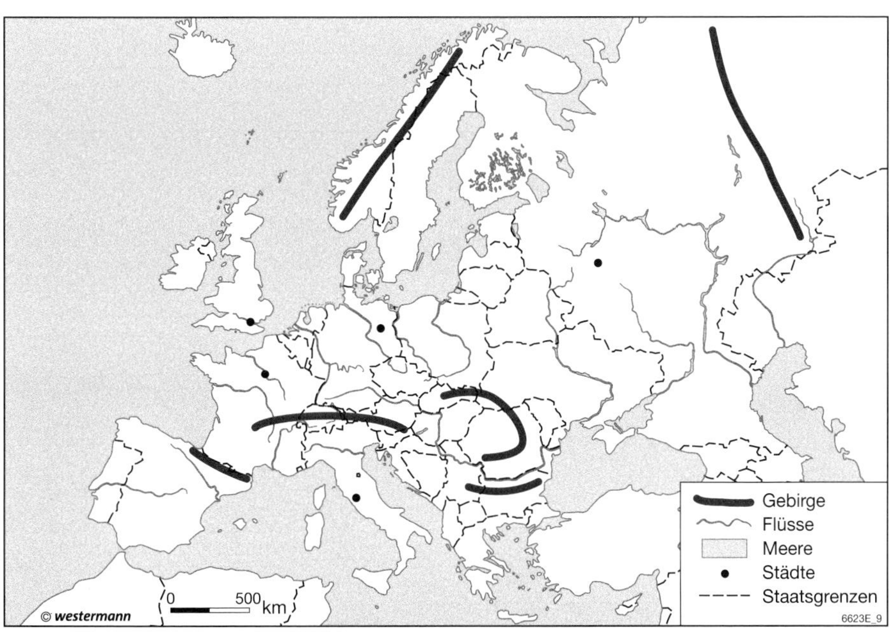


**3.** Bezeichne in der Karte mit Zahlen die Lage folgender Objekte (Atlas):
*Gebirge:* 1 Alpen 2 Pyrenäen, 3 Skanden (Skandinavisches Gebirge), 4 Karpaten, 5 Donau, 6 Balkan, 7 Ural;
*Flüsse/Meere:* 8 Wolga, 9 Rhein, 10 Ostsee, 11 Mittelmeer, 12 Schwarzes Meer, 13 Adria;
*Städte:* 14 Berlin, 15 Paris, 16 Rom, 17 Moskau, 18 London;
*Staaten:* 19 Polen, 20 Spanien, 21 Finnland, 22 Irland.

**Bildquellenverzeichnis**
Das Luftbild-Archiv, Wennigsen: 18 unten Mitte; Heinze, T., Rudolstadt: 22; Schlemmer, H., Berlin: 18 unten links; ullstein bild, Berlin: 18 unten rechts (Jost).

Das Arbeitsheft enthält Beiträge von: Margit Colditz, Notburga Protze.





Druck A 2 / Jahr 2015
Alle Drucke der Serie A sind inhaltlich unverändert.

Lektorat: Ullrich Löbmann
Layout und Herstellung: Lektoratsbüro Eck, Meike Lorenz
Druck und Bindung: westermann druck GmbH, Braunschweig

ISBN 978-3-14-**114692**-9